中国热带农业科学院　中国热带作物学会　组织编写

"一带一路"热带国家农业共享品种与技术系列丛书

总主编：刘国道

"一带一路"热带国家
椰子共享品种与技术

范海阔　李　静　吴　翼　等◎编著

中国农业科学技术出版社

图书在版编目（CIP）数据

"一带一路"热带国家椰子共享品种与技术 / 范海阔等编著 . —北京：中国农业科学技术出版社，2019.6

（"一带一路"热带国家农业共享品种与技术系列丛书 / 刘国道主编）

ISBN 978-7-5116-4267-7

Ⅰ . ①一… Ⅱ . ①范… Ⅲ . ①椰子－优良品种－研究 Ⅳ . ① S667.402.3

中国版本图书馆 CIP 数据核字（2019）第 124260 号

责任编辑 　徐定娜
责任校对 　贾海霞

出 版 者 　中国农业科学技术出版社
　　　　　　北京市中关村南大街 12 号 　邮编：100081
电 　 话 　（010）82109707（编辑室）（010）82109702（发行部）
　　　　　　（010）82109709（读者服务部）
传 　 真 　（010）82109707
网 　 址 　http://www.castp.cn
发 　 行 　各地新华书店
印 刷 者 　北京科信印刷有限公司
开 　 本 　787 mm×1 092 mm 　1 /16
印 　 张 　5.25
字 　 数 　124 千字
版 　 次 　2019 年 6 月第 1 版 　2019 年 6 月第 1 次印刷
定 　 价 　68.00 元

《"一带一路"热带国家农业共享品种与技术系列丛书》

总 主 编：刘国道

《"一带一路"热带国家椰子共享品种与技术》
编著人员

主 编 著：范海阔　　　李　静　　　吴　翼

副主编著：弓淑芳　　　刘　蕊　　　尹欣幸

编著人员：（按姓氏笔画顺序排列）

弓淑芳	王媛媛	尹欣幸	刘　蕊
孙程旭	李　静	李和帅	李朝绪
杨伟波	吴　翼	余凤玉	范海阔
夏秋瑜	唐龙祥	唐庆华	

项目资助

- "一带一路"热带项目资金资助（BARTP～06）
  Supported by the earmarked fund for the Belt and Road
  Tropical Project（BARTP～06）
- 棕榈作物种质资源联合调研与技术示范推广（BARTP-06-WFY）

前　言

　　椰子（*Cocos nucifera* L.）是热带地区重要的木本油料作物之一。根据亚太椰子共同体（APCC）统计，目前全世界已有93个国家和地区种植椰子，主要分布在亚洲的东南亚地区和南太平洋地区，其椰子的产量及种植面积占全世界的80%～90%。在我国，椰子大多分布在南北纬度20°之间，总种植面积70多万亩，海南省是我国椰子主栽地区，占种植面积90%以上，主要分布在海南省东南沿海一带的文昌、琼海、三亚等市县，西沙群岛和南沙群岛也有零星种植。其次，广东、广西壮族自治区、云南和我国台湾也有少量种植。

　　椰子种植成本低，综合利用价值高，是热带地区重要的经济作物，具有极高的经济价值。它浑身是宝，可为人们提供食品、饮料、服装和住所材料，还可加工成各式各样的椰子产品，如椰子油、椰子汁、椰子糖、椰子粉、椰花汁酒以及椰雕工艺品、活性炭、椰棕垫等产品。联合国粮农组织（FAO）对椰子产业十分重视，认为椰子产业是增加农民就业机会、促使农民脱贫致富的重要途径。

　　椰子栽培历史悠久，品种较多，目前主要有高种椰子、矮种椰子、中间类型椰子和杂交种椰子等，全世界主栽品种超过100种。本书综述了"一带一路"沿线国家椰子新品种和相关技术，对中国、越南、菲律宾、泰国等国椰子新品种以及我国一些椰子栽培、加工、植保等方面相关研究结果进行了梳理、总结，以期为"一带一路"沿线国家从事椰子种植、加工以及产品研发等相关人员提供参考。由于时间仓促，资料不足及编者自身水平的限制，书中难免存在一些疏漏和不足之处，谨请有关专家、学者及科技人员不吝赐教，使本书内容不断得到充实和完善。

编著者

2018年11月

目　录

第一章　椰子新品种

第二章　椰子栽培技术

第三章　椰子病虫害防治技术

第四章　椰子加工技术

第一章

椰子新品种

一、中国椰子新品种

1. 文椰 2 号

品种来源 "文椰 2 号"（范海阔等，2008a）是 1983—2000 年从引进的"马来亚黄矮"椰子中由中国热带农业科学院椰子研究所选出。

审定编号 热品审 2013006。

审定情况 于 2013 年 7 月通过全国热带作物品种审定委员会审定。

特征特性 植株矮小，树高 12 ～ 15 m，茎干较细，成年树干围径 70 ～ 90 cm，基部膨大不明显，无葫芦头。叶片羽状全裂，平均叶长 4.3 m，有 84 ～ 94 对小叶，平均小叶长 106 cm，宽 5.1 cm；叶柄无刺裂片呈线状披针形，叶片和叶柄均呈浅黄色。穗状肉质花序，佛焰花苞，平均花序长 84 cm，平均花枝长 29 cm，雌雄同株，花期相同，白花授粉。果实小，圆形，单果质量 800 ～ 1 300 g，果实围径 37 ～ 45 cm，果长 15 ～ 22cm。

文椰 2 号

果皮黄色，果皮和种壳薄，平均核果质量607.5 g，核果围径30～39 cm，果壳质量102g。椰肉细腻松软，甘香可口。投产早，种植后3～4年开花结果，6年后达到高产期。抗风性中等，抗寒性比本地高种椰子差，不抗椰心叶甲。

产量表现 结果早，一般种植后3～4年开花结果，8年后达到盛产期；产量高，可达120个/株/年，高产的可达200多个。

栽培要点

选地：选择光照充足，土壤有机质丰富，肥力较高，排水良好的沙土或沙质壤土作为种植地。

定植密度：一般每亩（1亩≈667m²。下同）种植15～18株，可采用株行距6.5 m×6.5 m、6 m×6.5 m或6 m×6 m等。

定植季节：定植时应避开低温季节和旱季，最好在雨季来临前定植。

选苗和定植：通常选用10～14个月、株高90～100 cm、茎粗壮、存活叶5～6片、无病虫害的健壮椰苗。

定植：挖穴规格为80 cm×80 cm×80 cm，放入腐熟的有机肥40 kg，并与表土混匀后回土至定植穴的1/2时，即开始定植椰子苗，回表土用脚踏实。覆土深度以恰好盖过种果为宜。种植深度以种果顶部低于地面10～20 cm为准，然后淋透定根水。

植后管理：种植当年如果有死苗和缺株，应及时补植，保持椰苗整齐。第二年发现明显落后苗和残缺苗应及时更换，所有补换的苗应用同样的品种、苗龄且大小一致的后备苗；注意肥水管理，定植后第一年的椰子树施肥应少量多次，勤施薄施，施肥量因地区、土壤类型而异；定植后1～2年，特别定植当年，干旱季节及时淋水抗旱，确保椰苗正常生长；幼龄椰园植穴要进行覆盖，防止杂草滋生，植后第二年围绕植株半径1 m范围内进行除草松土，每年1～2次，也可进行2 m宽的带状除草；及时进行病虫害防治。

种果收获等：椰子从授粉到成熟收获需要12个月，椰果成熟时果皮由黄色转为黄褐色，摇动椰果有响水声，表明可以采收。果皮完全变褐干缩，即可从树上采摘到苗圃育苗。

适宜区域 适合于海南岛全岛推广。市场价值高，每亩经济价值达万元，适合鲜果市场。

选育单位：中国热带农业科学院椰子研究所

联系地址：海南省文昌市文清大道496号

邮政编码：571339

联系人：吴 翼 李和帅

联系电话：0898-63330765

2. 文椰 3 号

品种来源　"文椰 3 号"（范海阔等，2008b）的亲本为中国热带农业科学院椰子研究所于 1982 年从马来西亚西部引进的红矮中选育。

审定编号　无。

审定情况　于 2007 年 12 月通过海南省农作物品种审定委员会认定。

特征特性　品种特征特性：植株矮小，株高 12 ～ 15 m，茎干较细，成年树干围径 70 ～ 90 cm，基部膨胀不明显，无葫芦头；叶片羽状全裂，平均叶长 4.3 m，有 84 ～ 94 对小叶，平均小叶长 4.3m，有 84 ～ 94 对小叶，平均小叶长 97 cm，宽 4.0 cm；叶柄无刺，裂片呈线状披针形，叶片和叶柄均呈浅红色；穗状肉质花序，佛焰花苞，平均花序长 93 cm，平均花枝长 31 cm，花枝数 31 个。雌雄同株，花期重叠，自花授粉。果实小，圆形，单果质量 800 ～ 1 300 g，平均发芽率 80% 以上，果实围径 37 ～ 45 cm，果长 15 ～ 22 cm，果皮红色，果皮和种壳薄，平均核果质量 726.1 g 核果围径 30 ～ 39 cm，平

文椰 3 号

均果壳质量 102 g，椰肉细腻松软，甘香可口。结果早，种植后 3 ～ 4 年开花结果，8 年后达到高产期，自然寿命约 80 年，经济寿命约 65 年。抗风性中等，抗寒性差于本地高种椰子，不抗椰心叶甲。

产量表现　结果早，一般种植后 3 ～ 4 年开花结果，8 年后达到盛产期；产量高，可达 105 个 / 株 / 年，高产的可达 120 个左右。

栽培要点

选地：选择光照充足，土壤有机质丰富，肥力较高，排水良好的沙土或沙质壤土作为种植地。

定植密度：一般每亩种植 15 ～ 18 株，可采用株行距 6.5 m×6.5 m、6 m×6.5 m 或 6 m×6 m 等。

定植季节：定植时应避开低温季节和旱季，最好在雨季来临前定植。

选苗和定植：通常选用 10 ～ 14 个月、株高 90 ～ 100 cm、茎粗壮、存活叶 5 ～ 6 片、无病虫害的健壮椰苗。

定植：挖穴规格为 80 cm×80 cm×80 cm，放入腐熟的有机肥 40 kg，与表土混匀后回土至定植穴的 1/2 时，即开始定植椰子苗，回表土用脚踏实。覆土深度以恰好盖过种果为宜。种植深度以种果顶部低于地面 10 ～ 20 cm 为准，然后淋透定根水。

植后管理：种植当年如果有死苗和缺株，应及时补植，保持椰苗整齐。第二年发现明显落后苗和残缺苗应及时更换，所有补换的苗应用同样的品种、苗龄且大小一致的后备苗；注意肥水管理，定植后第一年的椰子树施肥应少量多次，勤施薄施，施肥量因地区、土壤类型而异；定植后 1 ～ 2 年，特别定植当年，干旱季节及时淋水抗旱，确保椰苗正常生长；幼龄椰园植穴要进行覆盖，防止杂草滋生，植后第二年围绕植株半径 1 m 范围内进行除草松土，每年 1 ～ 2 次，也可进行 2 m 宽的带状除草；及时进行病虫害防治。

种果收获等：椰子从授粉到成熟收获需要 12 个月，椰果成熟时果皮由黄色转为黄褐色，摇动椰果有响水声，表明可以采收。果皮完全变褐干缩，即可从树上采摘到苗圃育苗。

适宜区域　适合于海南岛全岛推广。市场价值高，每亩经济价值达万元，适合鲜果市场。

选育单位：中国热带农业科学院椰子研究所

联系地址：海南省文昌市文清大道 496 号

邮政编码：571339

联系人：吴　翼　李和帅

联系电话：0898-63330765

3. 文椰4号

品种来源 "文椰4号"（范海阔等，2011）由中国热带农业科学院椰子研究所于1984年从东南亚引进的香水椰子中选出。

审定编号 热品审2014008。

审定情况 于2014年6月通过全国热带作物品种审定委员会审定。

特征特性 植株较矮，茎干较细，基部膨大不明显，无葫芦头。果实较小，椭圆形或圆形，果皮和种壳较薄。嫩果果皮绿色，椰子水和椰子肉均具有独特的香味；椰子水鲜美清甜，鲜椰肉细腻松软，甘香可口。抗风性中等，抗寒性稍弱，果实遇低温天气容易裂果，适合于海南岛南部地区推广。市场价值高，每亩经济价值达万元，适合鲜果市场。

文椰4号

产量表现 结果早,一般种植后 3～4 年开花结果,8 年后达到盛产期;花期相同,自花授粉。产量高,平均年株产果 72 个,高产的可达 100 个左右。

栽培要点

选地:选择光照充足,土壤有机质丰富,肥力较高,排水良好的沙土或沙质壤土作为种植地。

定植密度:一般每亩种植 18 株,可采用的株行距有 6 m×6 m、6 m×6.5 m 或 6.5 m×6.5 m 等。

定植季节:定植时应避开低温季节和旱季,最好在雨季来临前定植。

选苗和定植:通常选用 10～14 个月、株高 90～100 cm、茎粗壮、存活叶 5～6 片、无病虫害的健壮椰苗。

定植:挖穴规格为 80 cm×80 cm×80 cm,放入腐熟的有机肥 40 kg,并与表土混匀后回土至定植穴的 1/2 时,即开始定植椰子苗,回表土用脚踏实,覆土深度以恰好盖过种果为宜,种植深度以种果顶部低于地面 10～20 cm 为准,然后淋透定根水。

植后管理:种植当年如果有死苗和缺株,应及时补植,保持椰苗整齐;第二年发现明显落后苗和残缺苗应及时更换,所有补换的苗应用同样的品种、苗龄且大小一致的后备苗。注意肥水管理,定植后第一年的椰子树施肥应少量多次,勤施薄施,施肥量因地区、土壤类型而异;定植后 1～2 年,特别定植当年,干旱季节及时淋水抗旱,确保椰苗正常生长。幼龄椰园植穴要进行覆盖,防止杂草滋生,植后第二年围绕植株半径 1 m 范围内进行除草松土,每年 1～2 次,也可进行 2 m 宽的带状除草;及时进行病虫害防治。

适宜区域 适宜在海南省南部地区推广。

选育单位:中国热带农业科学院椰子研究所

联系地址:海南省文昌市文清大道 496 号

邮政编码:571339

联 系 人:吴 翼 李和帅

联系电话:0898-63330765

4. 文椰 5 号

品种来源　"文椰 5 号"（中国热科院椰子所，2018）是 1983 年从引进的越南矮种资源中，选育而成的优良品种。果实颜色纯正，糖和蛋白质含量高，可食率高。该品种多年多点生产试验和对比试验表现综合性状优良，2017 年 12 月通过海南省林木品种审定委员会认定。

特征特性　植株矮小，树高 12 ～ 15 m，茎干较细，成年树干围径 70 ～ 90 cm，基部膨大不明显，无葫芦头。叶片羽状全裂，平均叶长 4.0 m，有 84 ～ 94 对小叶，平均小叶长 139 cm，宽 5.1 cm；叶痕间距平均为 0.40 cm，叶柄无刺裂片呈线状披针形，叶片和叶柄均呈棕红色。穗状肉质花序，佛焰花苞，平均花序长 84 cm，平均花枝长 29 cm，雌雄同株，花期相同，自花授粉。果实小，圆形，单果质量 800 ～ 1 000 g，果形指数 0.92 ～ 1.02。果皮棕红色，果皮和种壳薄，核果质量 425 ～ 550 g，核果指数 0.90 ～ 1.00。椰肉细腻松软，甘香可口，椰肉 150 ～ 200 g，蛋白质含量 4.4%，脂肪 60.34%，碳水化合物 16.69%，椰干率 29.5%；椰水 300 ～ 350 mL，7 ～ 8 个月的嫩果椰水总糖含量达 7% ～ 8%。种果平均发芽率 86%。投产早，种植后 3 ～ 4 年开花结果，6 年后进入高产期，平均产量 130 ～ 300 个 / 株 / 年。抗风性中等，抗寒性比本地高种椰子差，不抗椰心叶甲。

栽培要点　适宜海南省种植，最适宜在海南东部、东北部、西南部地区种植。雨季前选用苗龄 12 ～ 14 个月、株高 90 ～ 100 cm、茎粗壮、存活叶 5 ～ 6 片、无病虫害的健壮椰苗，采用

椰子新品种"文椰 5 号"

深植浅培土的方法定植，株行距 6 m×6 m、6.5 m×6 m 或 5 m×7 m，270 ～ 300 株 · hm^{-2}。定植后常规管理。

选育单位：中国热带农业科学院椰子研究所

联系地址：海南省文昌市文清大道 496 号

邮政编码：571339

联 系 人：孙程旭

联系电话：0898-63330765

5. 文椰 6 号

品种来源 "文椰 6 号"是 1983 年从引进的越南矮种资源中，选育而成的优良品种。果实颜色纯正，糖和蛋白质含量高，可食率高。该品种多年多点生产试验和对比试验表现综合性状优良，2017 年 12 月通过海南省林木品种审定委员会认定。

特征特性 植株矮状，树高 12 ～ 15 m，茎干较细，成年树干围径 70 ～ 90 cm，基部膨大不明显，无葫芦头。叶片羽状全裂，平均叶长 4.0 m，有 84 ～ 94 对小叶，平均小叶长 139 cm，宽 4.9 cm；叶痕间距平均为 0.41 cm，叶柄无刺裂片呈线状披针形，叶片和叶柄均呈绿色。穗状肉质花序，佛焰花苞，平均花序长 84 cm，平均花枝长 29 cm，雌雄同株，花期相同，自花授粉。果实小，圆形，单果质量 800 ～ 1 000 g，果形指数 0.90 ～ 1.10。果皮绿色，果皮和种壳薄，核果质量 425 ～ 550 g。椰肉细腻松软，甘香可口，椰肉 150 ～ 200 g，蛋白质含量 4.4%，脂肪 58.12%，碳水化合物 16.69%，椰干率 28.3%；椰水 300 ～ 350 mL，7 ～ 8 个月的嫩果椰水总糖含量达 7% ～ 8%。种果平均发芽率 86%。投产早，种植后 3 ～ 4 年开花结果，6 年后进入高产期，平均产量 140 ～ 350 个 / 株 / 年。抗风性中等，抗寒性比本地高种椰子差，不抗椰心叶甲。

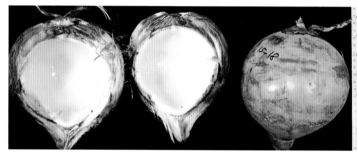

文椰 6 号

栽培技术要点 适宜海南省种植，最适宜在海南东部、东北部、西南部地区种植。雨季前选用苗龄 12 ～ 14 个月，茎粗壮、无病虫害的健壮椰苗，采用深植浅培土的方法定植，株行距 6 m×6 m、6.5 m×6 m 或 5 m×7 m，270 ～ 300 株·hm^{-2}。定植后常规管理。

选育单位：中国热带农业科学院椰子研究所

联系地址：海南省文昌市文清大道 496 号

邮政编码：571339

联 系 人：孙程旭

联系电话：0898-63330765

6．文椰 78F1 （WY78F1）

品种来源　亲本海南本地高种椰子 × 马来亚矮种椰子，是由华南热带作物科学研究院文昌椰子试验站（现更名为中国热带农业科学院椰子研究所）于 1978 年培育出来的第一个杂交品种。

审定编号　品种育出在第三届全国农作物品种审定委员会成立之前，通过国家农业部科学技术成果鉴定。

审定情况　由国家农业部组织专家进行鉴定。

特征特性　属杂交种椰子，植株中等大小，露杆 1.5 m 左右开花结果；果形略圆，椰果大小中等，皮薄肉厚，适合用于加厂，椰子水 400 ～ 500 mL，椰子水中总糖含量 3.5% ～ 4%，口感较好，也可作为鲜果型水果；具有明显的杂种优势，生长速度快，可用于作为绿化苗木；抗风性、抗寒性强，抗性媲美本地高种椰子。

文椰 78F1

产量表现 定植后6～7年即可开花结果，12年达到盛产期，稳产后年产量达80～100个/株/年，同等条件下比主栽的本地高种增产150%～200%。

栽培要点

定植密度：一般每亩种植13～16株，株行距6 m×6 m、6 m×7 m或7 m×7 m。

定植：挖穴规格为60 cm×60 cm×60 cm或80 cm×80 cm×80 cm，放入腐熟的有机肥20～40 kg，并与表土混匀后回土至定植穴的1/2时，即开始定植椰子苗，回表土用脚踏实。覆土深度以恰好盖过种果为宜。种植深度以种果顶部离地面10～20 cm为准，然后淋透定根水。

植后管理：注意肥水管理，定植后第一年的椰子树施肥应少量多次，勤施薄施，施肥量因地区、土壤类型而异；定植后1～2年，特别定植当年，干旱季节及时淋水抗旱，确保椰苗正常生长；幼龄椰园植穴要进行覆盖，防止杂草滋生，植后第二年围绕植株半径1 m范围内进行除草松土，每年1～2次，也可进行2 m宽的带状除草；及时进行病虫害防治。

适宜区域 适宜在海南省全省种植。

培育单位：中国热带农业科学院椰子研究所

联系地址：海南省文昌市文清大道496号

邮政编码：571339

联 系 人：吴 翼

联系电话：0898-63330470

7. 摘蒂仔（ZDZ）

英文名称　ZDZ。

特征特性　ZDZ 是海南高种椰子中的一种，其特点与本地高种（HNT）接近，具有强抗寒性、抗风性，耐贫瘠。ZDZ 果实多为绿色，也有红色与黄色，果实较小，为圆形。定植后一般 7 ～ 8 年挂果，可产椰果 100 ～ 120 个 / 株 / 年。椰果构成比例好，椰衣较薄。椰果重约 1 520 g，去椰衣核果重约 960 g，椰水含量约 337 mL。

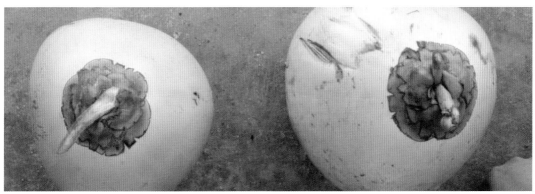

摘蒂仔（左图中小果为摘蒂仔，大果为海南本地高种）

培育单位：中国热带农业科学院椰子研究所

联系地址：海南省文昌市文清大道 496 号

邮政编码：571339

联 系 人：刘　蕊

联系电话：0898–63330765

8. 版纳绿高 (BNGT)

英文名称 Banna Green Tall。

特征特性 版纳绿高是中国云南省的传统高种之一，植株高大，具有较明显的葫芦头。定植后 6 ~ 8 年开花结果，单株产量高于 HNT，80 ~ 110 个 / 株 / 年。版纳高种果型较大，椰衣厚，果皮绿色。版纳绿高的抗风能力不如海南高种，其椰水口感也比海南高种差，适合用于生产椰干和产品加工。

版纳绿高

联 系 人：弓淑芳

联系电话：0898-63330765

9. 版纳褐高 (BNBT)

英文名称 Banna Brown Tall。

特征特性 版纳褐高是中国云南省的传统高种之一，植株高大，具有较明显的葫芦头。定植后 6 ～ 8 年开花结果，单株产量高于 HNT，80 ～ 110 个 / 株 / 年。版纳高种果型较大，椰衣厚，果皮褐色。版纳褐高的抗风能力不如海南高种，其椰水口感也比海南高种差，适合用于生产椰干和产品加工。

版纳褐高

联 系 人：弓淑芳

联系电话：0898-63330765

10. 版纳红高 (BNRT)

英文名称 Banna Red Tall。

特征特性 版纳红高是中国云南省的传统高种之一，植株高大，具有较明显的葫芦头。定植后 6 ~ 8 年开花结果，单株产量高于 HNT，80 ~ 110 个 / 株 / 年。版纳高种果型较大，椰衣厚，果皮红色。版纳红高的抗风能力不如海南高种，其椰水口感也比海南高种差，适合用于生产椰干和产品加工。

版纳红高

联 系 人：弓淑芳

联系电话：0898-63330765

11. 马哇 (MWH)

英文名称 Mawa Hybrid。

特征特性 MWH 是非常著名的杂交品种（WAT×MYD），植株矮小，无葫芦头。种植 4 年即可结果，每公顷可产椰子果 16 200 个；第 9 年达到盛果期，年产量稳定在 140～150 个/株/年。马哇椰子椰肉含油量约 67.5%，是很好的加工用材料。

马哇

联 系 人：弓淑芳

联系电话：0898-63330765

12. 红纤维高种（RFT）

英文名称 Red Fiber Tall。

特征特性 红纤维椰子是海南传统栽培高种之一，植株高大，葫芦头明显，具有极强的抗风和抗寒性。该品种定植后 7～8 年开花结果，产量为 40～100 个 / 株 / 年（取决于栽培管理条件）。该品种在海南有零星分布，数量较少。红纤维椰子的最明显特征是嫩果的中果皮呈现粉红色，果蒂端尤为明显，有"鸿运当头"的寓意，因此十分受鲜食消费市场的欢迎，单果售价是 HNT 的 2～3 倍。

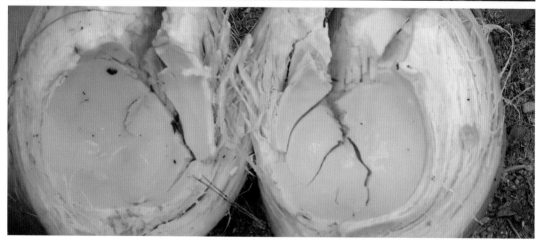

红纤维高种

联 系 人：弓淑芳

联系电话：0898-63330765

二、越南椰子品种

1. 越南他椰（VTTC）

英文名称　Vietnam Ta Tall Coconut。

特征特性　属于典型的高种类型，植株高大粗状，树干围径 90 ～ 120 cm，树高可达 20 多米，茎干基部膨大称"葫芦头"。树冠圆形、半圆形，植后 5 ～ 6 年开花结果，经济寿命达 60 ～ 80 年。果实椭圆、肉厚，核果圆形，经常为扁圆形。颜色呈绿色或褐色。椰果中等，椰干品质率高，为主要加工品种，是越南第一栽培品种，79.2% 的椰子为该品种。椰干产量 180 ～ 220 g/ 果。

越南他椰

联 系 人：弓淑芳　李　静

联系电话：0898-63330765

2. 越南刀椰（VDTC）

英文名称 Vietnam Dau Tall Coconut。

特征特性 属于典型的高种类型，植株高大粗壮，树干围径 90～120 cm，树高可达 20 多米，茎干基部膨大称"葫芦头"。树冠圆形、半圆形，植后 5～6 年开花结果，经济寿命达 60～80 年。果实椭圆、肉厚，核果圆形，经常为扁圆形。颜色呈绿色或褐色。椰果中等，椰干品质率高，为主要加工品种，是越南第二主栽品种，14.4% 的椰子为该品种。椰干产量 260～280 g/ 果。

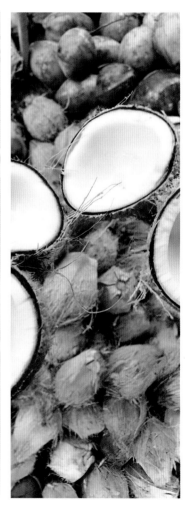

越南刀椰

联 系 人：弓淑芳　李　静

联系电话：0898-63330765

3. 艾欧褐椰（EOBD）

英文名称 EO Brown Dwarf。

特征特性 EOBD 植株茎干非常细，直径约 20 cm，没有葫芦头；果串的果柄非常长；繁殖体系为自花授粉；果实圆形，果色褐色，果蒂部分有突起。EOBD 种植后 2～3 年开始开花结果；果实小，嫩果的椰汁甜而有风味，椰衣薄，每个椰子水含量 100～150 mL，总糖含量达 7%～7.5%，产量可达 250～300 个 / 株 / 年。是越南主要的嫩果椰子品种之一。

艾欧褐椰

联 系 人：弓淑芳 李 静

联系电话：0898-63330765

4. 艾欧绿椰 (EOGD)

英文名称 EO Green Dwarf。

特征特性 EOGD 植株茎干非常细,直径约 20 cm,没有葫芦头;果串的果柄非常长;繁殖体系为自花授粉;果实圆形,果色绿色,果蒂部分有突起。EOGD 种植后 2 ~ 3 年开始开花结果;果实小,嫩果的椰汁甜而有风味,椰衣薄,每个椰子水含量 100 ~ 150 mL,总糖含量达 7% ~ 7.5%,产量可达 250 ~ 300 个 / 株 / 年。是越南主要的嫩果椰子品种之一。

艾欧绿椰

联 系 人:弓淑芳 李 静

联系电话:0898-63330765

5. 越南绿色甜水椰 (VGSD)

英文名称 Vietnam Green Sweet Dwarf。

特征特性 VGSD 属于矮种类型，颜色接近马来西亚绿矮、泰国绿矮、柬埔寨绿矮，植株茎干较细，没有葫芦头；叶片叶脉绿色；繁殖体系为自花授粉；果实圆形，果色绿色，果蒂部分无突起。VGSD 种植后 2.5 ～ 3 年开始开花结果；果实小，嫩果的椰汁甜，椰衣薄，每个椰子水含量 200 ～ 350 mL，总糖含量达 7% ～ 7.5%，产量可达 140 ～ 150 个 / 株 / 年。该品种是越南栽培面积较大和政府主推的品种之一。

越南绿色甜水椰

联 系 人：弓淑芳 李 静

联系电话：0898-63330765

6. 尼亚斯岛黄矮 (NYD)

英文名称 Nias Yellow Dwarf。

特征特性 NYD 是一个矮种类型的椰子，对干旱敏感，易感芽腐病，易落果。果实黄色，果形圆，去椰衣后的核果也是圆形。定植后一般 3 ~ 4 年挂果，每株树每年可挂果 12 ~ 14 串，每株树年产椰果量取决于环境和气候参数，为 60 ~ 120 个。平均每个果重 840 g，其中椰肉含量 344 g，椰干含量 150 g。椰水含糖量高，可用于鲜食或制作优良软饮料。

尼亚斯岛黄矮

联 系 人：弓淑芳　李　静

联系电话：0898-63330765

7. 越南火红椰 (VFD)

英文名称　Vietnam fired Dwarf。

特征特性　VFD 属于矮种类型，颜色接近马来西亚红矮和斯里兰卡国王椰，植株茎干较细，没有葫芦头；叶片叶脉呈橘红色；繁殖体系为自花授粉；果实圆形，果色黄色，果蒂部分无突起。VFD 种植后 2.5 ～ 3 年开始开花结果；果实小，嫩果的椰汁甜，椰衣薄，椰子水含量 200 ～ 350 mL，总糖含量达 7% ～ 7.5%，产量可达 140 ～ 150 个 / 株 / 年。在越南栽培面积不大。

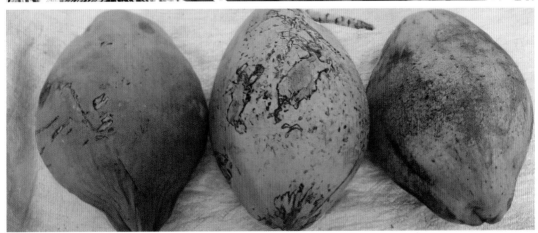

越南火红椰

联 系 人：弓淑芳　李　静

联系电话：0898-63330765

8. 越南三关椰 (VTQD)

英文名称 Vietnam TAM QUAN Dwarf。

特征特性 VTQD属于矮种类型，植株茎干较细，没有葫芦头；叶片叶脉呈金黄色；繁殖体系为自花授粉；果实圆形，果色黄色，果蒂部分无突起。VTQD种植后3年开始开花结果；果实小，嫩果的椰汁甜，椰衣薄，每个椰子水含量200~350 mL，总糖含量达7%~8%，产量250~300个/株/年。在越南栽培面积不大。

越南三关椰

联 系 人：弓淑芳　李　静

联系电话：0898-63330765

三、菲律宾椰子新品种

1. 菲律宾普通高种（PHOT)

英文名称　Philippines Ordinary Tall。

特征特性　PHOT 为高种，通常可长到 10 ～ 11 m 高，茎干粗壮，有葫芦头。PHOT 种植后 8 ～ 9 年才结果，每株每年可结果 76 ～ 112 个；果实较大，平均果重为 1 045 g，椰衣厚重，可占果重的 36%。PHOT 耐干旱，又具有高产的特性，因此在商业中应用广泛。

菲律宾普通高种

联 系 人：弓淑芳

联系电话：0898-63330765

2. 菲律宾洛诺高种 (PLNT)

英文名称 Philippines Lono Tall。

特征特性 PLNT 定植后 10 ～ 11 年方可开花，12 年才开始结果。植株为间接自花授粉类型，果实颜色为黄绿色，呈卵形，具有 3 个明显的棱，底部最为明显。果实较大，重约 1 509 g，去椰衣核果重 795 g。每株每年产果约 55 个，每个椰果可产椰干 243 g，含油量为 64.5%。每年每公顷可产椰干约 2.3 t，椰油约 1.5 t。

菲律宾洛诺高种

（图片引自专著 Catalogue of conserved coconut germplasm 第 219 页）

联 系 人：弓淑芳　李　静

联系电话：0898-63330765

3. 巴戈奥斯罗高种（BAOT）

英文名称　Bago Oshiro Tall。

特征特性　BAOT 是一种大型的椰子树，一般异花授粉，杂合，4 ～ 5 年树龄的植株可以开始产果。果实为中等至大果，每个椰可产椰干 210 g。20 年树龄的植株茎干高度可达 10 ～ 14 m。椰果构成比例相当好。平均每个椰果重约 1 469 g，椰肉重 502 g。在好的栽培管理条件下，BAOT 每株每年可产果约 89 个，每年每公顷可产果 12 014 个，每株每年可产椰干 28.2 kg，即每年每公顷 3.8 t 椰干。BAOT 对叶斑病具有抗性，中抗螨虫。

巴戈奥斯罗高种

联　系　人：弓淑芳

联系电话：0898-63330765

4. 巴固尔绿矮 (BAGD)

英文名称 Baguer Green Dwarf。

特征特性 BAGD 距地 20 cm 处的平均茎围为 116 cm，离地 1.5 m 处的平均茎围为 82 cm。树冠的总体形状接近球形至半球形。叶柄颜色为黄绿色，但是果实颜色为绿色。果实及面观和赤道面观均为梨形至球形。核果扁平近圆形。每株每年可产 14 个果串，产果 20～80 个。整个果实重约 1 029 g，椰肉重 429 g，每个椰果可产椰干 249 g，每年每公顷可产椰干 4.7 t。该品种在干湿截然不同的地区生长表现良好。大部分植株在没有灌溉的条件下度过了厄尔尼诺现象，揭示该品种可能具有抗旱基因。

巴固尔绿矮

联 系 人：弓淑芳　李　静

联系电话：0898-63330765

5. 马卡普诺

英文名称　Makapuno。

特征特性　马卡普诺是在自然进化过程中形成的一种特殊类型椰子，又称"凝乳椰子"或"实心椰子"。这个类型椰子只在菲律宾、印度尼西亚、印度、越南和斯里兰卡等少数国家有发现，各国名称不同，但特征基本相似。马卡普诺树形和果形与高种椰子相似，但椰子果"实心"，没有椰子水，胚乳呈凝胶状，几乎充满整个果腔。马卡普诺种果发芽率极低，不能直接用来催芽育苗，只能利用胚培养技术来进行繁殖。

马卡普诺

联 系 人：吴　翼

联系电话：0898-63330470

四、泰国椰子新品种

1. 泰国绿矮 （THD）

英文名称 Thailand Green Dwarf。

特征特性 THD 很容易与其他绿矮椰子区分，因为 THD 的果实圆且小，颜色为深绿色。THD 定植后 3 年即可结果。在科特迪瓦和菲律宾的沙壤土中，果实重约 653 g，在泰国则重约 800 g，在瓦努阿图可超过 1 200 g，由此可见产量与种植条件密切相关。果实的组成成分好，成熟后椰肉含量高。THD 有两种，一种为甜水型，另一种为芳香型，即为AROD。用香水绿矮和另一种非香水品种杂交，其杂交一代植株没有香气，但是第二代的某些植株会出现这一性状。

泰国绿矮

联 系 人：弓淑芳

联系电话：0898-63330765

2. 香水绿椰（AROD）

英文名称　Aromatic Green Dwarf。

特征特性　AROD 由于其椰水椰肉甘甜而广为人知，叶片短，雄花数量众多且小，嫩果颜色为深绿色，椰水很甜且有芋头香味。AROD 的果实比 PILD 大，单果椰肉重约 199 g，椰干重约 118 g，明显低于其他大部分矮种椰子。成龄植株评价产果量为 80 ～ 102 个 / 株 / 年，每年每公顷平均产椰干 2 t，主要用于鲜食或开发椰子水饮料。

香水绿椰

联 系 人：弓淑芳　李　静

联系电话：0898-63330765

3. 泰国萨维高种 (THT01)

英文名称 Thailand Tall Sawi。

特征特性 THT01 也被称为 "Maphrao Yai"，其特征是可结出大量圆至椭圆的小果，椰衣薄或中等，含水量高，椰肉相对较薄。THT01 是典型高种，具有明显的葫芦头，茎秆粗壮，椰果产量在开始结果后 20 年内缓慢持续增长。从第 3 年到第 12 年，植株每年长高近 1 m。果实平均重 976 g（在科特迪瓦）或 1 900 g（在泰国）。核果呈扁圆形，底部有些平，重 1 300～1 400 g。THT01 是在母体上发芽的，老果在自然落地之前就在树上发芽了，由于这一特性，该品种不适合用于商业种植。

泰国萨维高种

联 系 人：弓淑芳

联系电话：0898-63330765

五、斯里兰卡椰子新品种

1. 卡普瓦那 (KPWN)

英文名称 Kapruwana。

特征特性 Dwarf Green（DG）×San Ramon Tall 杂交的后代，平均果重为 1.8 kg/ 个，单个果实椰干含量为 300 g，每公顷可产椰干 3.75 t。在椰子产业上主要用于原料加工。

卡普瓦那

联 系 人：弓淑芳

联系电话：0898-63330765

2. CRIC60

英文名称 CRIC60。

特征特性 高种椰子杂交种,该品种种植后6～7年开花果,8～12年产果40～50个/株/年,12年后进入稳产期,稳产期后年平均产量为75～100个/株/年。平均果重为1.5 kg,果实含油量较高。该品种可用于椰子原料加工及园林绿化等。

CRIC60

联 系 人:弓淑芳

联系电话:0898-63330765

3. CRIC65

英文名称　CRIC65。

特征特性　GD×ST椰子杂交种，该品种与CRIC60较为相似，品质更优，种植后6～7年开花果，8～12年产果40～50个/株/年，12年后进入稳产期，稳产期后年平均产量为80～120个/株/年。平均果重为1.6 kg，果实含油量较高。该品种可用于椰子原料加工及园林绿化等。

CRIC65

联　系　人：弓淑芳

联系电话：0898-63330765

4. 国王椰 (RTB)

英文名称 King Coconut。

特征特性 RTB 植株矮小，22 年树龄的植株仅高 3.5 m。在斯里兰卡，它被认为是半高品种。茎干细，茎围为 72 cm。没有葫芦头，树冠圆形。该品种为高度自花授粉。没有花序间的雌雄花重叠现象。果实较小但椰衣较薄，椰衣占整个果重的 32% ~ 37%。果实颜色为黄红色，呈椭圆形，果实末端有一个明显的突起。核果较小且呈椭圆形。

国王椰

联 系 人：弓淑芳 李 静

联系电话：0898-63330765

六、非洲地区国家椰子新品种

1. 西非高种—维达（WAT）

英文名称 West Africa Coconut。

特征特性 原产于西非，茎秆相对较细，有一个细但有时弯曲的葫芦头；植株定植后6～7年开始结果，每株每年可结11～14个果串，每株每年产果40～90个。每年每公顷可产椰干1.5 t（科特迪瓦数据，1985—1990）。果实形状是长、有棱角、中度椭圆的；椰衣比例高，约为40%；不耐干旱，在牙买加、坦桑尼亚和加纳地区易感致死性黄化病，在瓦努阿图地区对叶腐病敏感，同时在科特迪瓦和印度尼西亚地区也易感疫霉病。WAT作为椰子杂交育种的亲本已被广泛使用，与马来亚黄矮的杂交种（PB121或马哇）以及与喀麦隆红矮的杂交种（CAMWA）已在世界各地被广泛种植。

西非高种—维达
（图片引自专著 Catalogue of conserved coconut germplasm 第41页）

联 系 人：弓淑芳 李 静

联系电话：0898-63330765

2. 喀麦隆克里比高种（CKT）

英文名称　Cameroon Kribi Coconut。

特征特性　这是一类早熟高产的高种椰子，茎干纤细，葫芦头不显眼，9～10年株龄的植株平均每公顷每年产椰干1.8 t。每株每年生长12.8个果串，共计78个果。果实重量平均约为895 g，几乎42%是椰衣纤维。核果小且呈椭圆形，重为417 g，具有约277 g的核仁。易感致死性黄化病Kribi病。

喀麦隆克里比高种

联 系 人：弓淑芳

联系电话：0898-63330765

3. 喀麦隆红矮 (CRD)

英文名称 Cameroon Red Dwarf Coconut。

特征特性 CRD 植株茎干非常细，直径约 20 cm，没有葫芦头；果柄非常长；自花授粉；果实梨形。CRD 种植后 2～3 年开始开花结果；果实中等大小，嫩果的椰汁甜而有风味，椰衣薄；平均果重为 447～945 g；核果呈球形，重 283～657 g。在不灌溉的条件下，每年每株产果 50～90 个。CRD 主要是用于城市和庭院绿化，种植于公园与城市。常用于母本杂交。

喀麦隆红矮

联 系 人：弓淑芳

联系电话：0898-63330765

4. 尼日利亚高种（NIT）

英文名称 Nigeria Tall Coconut。

特征特性 中等高度的种质，22 年树龄时可达 5.4～7.1 m 高，葫芦头中等大小，茎干周长 82 cm。圆形树冠约有 30～32 片叶子。该品种植后约 79 个月开花，花序长，具有许多长的小花穗（约 40 个）。花柄短但不太宽，每个花序上有 13～35 个雌花，平均每个花穗 0.6 个雌花。该种质的坐果率低，约 26%。NIT 一般异花授粉，同一花序上的雌雄花期不重叠（雄花花期 18 d，雌花花期在雄花花期过后 2 d 开始，仅持续 4 d），但不同花序间可出现雌雄花期重叠。该品种的果实较大且呈椭圆形，果实颜色从棕色至黄绿色都有，核果也大，固体胚乳厚，壳非常硬。定植后 101～119 个月开始结果，结果规律，每年每株产 9～10 个果串，每株每年产果 62～76 个。椰果较大，椰衣占整个果重的 26%～33%，核果平均重 791 g。每个椰果可产椰干 185 g，含油量为 67.8%。在雨水灌溉条件下，每年每公顷可产椰干 2.5 t、椰油 1.7 t。

尼日利亚高种

联 系 人：弓淑芳

联系电话：0898-63330765

第二章
椰子栽培技术

一、优质健康种苗培育技术

技术来源 该技术由中国热带农业科学院椰子研究所研发。

获奖情况 该技术获 2014 年海南省成果转化二等奖及 2014—2015 年度中华农业科技奖三等奖，并获国家发明专利 1 项（ZL 2014 1 0104319.9）。

技术内容 ①确定了种果的成熟度与形状标准。②确定"切除外果皮"法为最佳种果处理方法，可提高发芽率 9.62% ～ 10.21%，缩短发芽时间 0 ～ 18 d。③明确"45° 斜播法"为最佳播种方式，提高发芽率 18.89%，缩短发芽时间 15.34 d，种苗生长指标优于"横播"和"竖播"。④提出"全根苗"技术，提高种苗移栽成活率 4.78% ～ 10%，提早出圃 90 ～ 120 d，种苗生长指标显著增加。

技术特征 与地栽育苗、袋装育苗等传统育苗法相比，该技术繁育的种苗各项生长指标显著增加，种苗根系优势明显，出圃时间缩短了 3 ～ 4 个月。

适宜区域 椰子种植区域。

技术开发单位：中国热带农业科学院椰子研究所

联系地址：海南省文昌市文清大道 496 号

邮政编码：571339

联 系 人：刘 蕊

联系电话：0898-63330765

二、椰子胚培养技术

椰子果实大，运输困难，给椰子的种质资源收集、保存和交换带来很大困难。离体胚不仅运输成本低，还可避免种质交换过程中的病虫害传播，利用胚或组培苗作为种质保存可以解决大田保存占地面积大费用高等问题。

技术要点（吴翼等，2007）　①无菌材料获得：取出包裹着胚的固体胚乳，洗洁精洗去油脂，自来水漂洗 30 min 以上。于超净工作台内用 75% 酒精表面消毒 1 min，再转至 0.15% $HgCl_2$ 溶液消毒 20 min，无菌水冲洗 3 次。将胚从固体胚乳中取出，置于 0.03% HgCl2 溶液中消毒 10 min，无菌水冲洗 3 次。②启动培养：将胚接种于液体培养基，暗培养 15d 后胚根开始萌发并伸长，继续培养 30 d 左右胚芽萌发。③继代培养：接种后每月继代转接一次，第一次继代转接至固体继代培养基上，同时于 1.5 cm 处切断初生根以促进次生根发育。④生根培养：待继代培养的幼苗叶片展开，长成较健壮的小植株后，移入生根培养基中催根，同时修剪次生根和再次萌发伸长的初生根。最后移入蔗糖浓度较低的培养基中，以增强植株自养能力。⑤试管苗的移栽：幼苗移栽前 2 d 剪去塑料袋顶部，以降低瓶内相对湿度。取出幼苗，并洗净根部培养基，去除死叶和退化的吸器，然后于 1 000 倍多菌灵与 10 mg/L IBA 混合溶液中浸泡 2h。移栽基质由塘泥、椰糠、粗沙经高温灭菌后按体积 1∶1∶1 混合，幼苗移栽后用营养液（0.3 % NH_4NO_3，0.05 % KCl 和 0.02 %（NH_4）$_3PO_4$）淋湿，并在盆上方套上透明的塑料袋，以保持较高的湿度。室内培养一个月后，松开塑料袋逐渐降低盆内湿度，此后每周浇水两次，每两周浇一次营养液，两个月后完全除去塑料袋。⑥炼苗与移栽：幼苗置于遮阴 50% 的苗圃中炼苗，隔天浇一次水。一个月后遮阴 25%，每周浇一次营养液。若发现真菌可用多菌灵处理，及时除去死亡或严重污染的幼苗。两个月后，将幼苗移栽到更大的装有未消毒营养土的育苗袋中。四个月后可除去遮阴网。炼苗后，可直接移栽至大田。

研发单位：中国热带农业科学院椰子研究所

联系地址：海南省文昌市文清大道 496 号

邮政编码：571339

联 系 人：吴　翼

联系电话：0898–63330470

椰子胚培养

三、椰子三角种植系统

椰子树型高大，种植株行距通常在 6～9 m，采用宽行种植行距可达 12 m 左右，50% 以上的土地面积未能得到有效利用，椰园空间利用率低。椰园林间长期空旷，容易滋生杂草，增加了椰园的生产管理费，影响椰树生长，存在生产成本高，生产效益低等不足。严重影响椰农的经济收入和投资生产的积极性，制约着整个椰子产业的发展。

技术要点 适宜海南省种植，最适宜在海南东部、东北部、西南部地区种植。雨季前选用苗龄 12～14 个月、株高 90～100 cm、茎粗壮、存活叶 5～6 片、无病虫害的健壮椰苗，采用深植浅培土的方法定植，株行距 6 m×6 m、6.5 m×6 m 或 5 m×7 m，270～300 株·hm^{-2}。定植后常规管理。

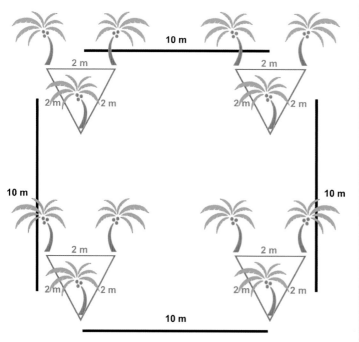

椰子三角种植系统

研发单位：中国热带农业科学院椰子研究所

联系地址：海南省文昌市文清大道 496 号

邮政编码：571339

联 系 人：孙程旭

联系电话：0898-63330765

四、椰子宽窄行种植方式

椰子树属于乔木类型，种植株行距通常为 6 m×6 m，7 m×7 m，行间间距大，幼苗期行间间距大，但是 6～7 m 行间耕作间距小，不利于机械化操作，在中国耕地面积小的地区，土地高效利用是农民增收的根本。采用宽窄行种植，可以有效管理窄行椰子，实现水肥集约化管理，避免浪费；宽行距可以间作耕作其他短效作物，同时便于机械化操作。同时，解决椰园林间长期空旷，容易滋生杂草，增加了椰园的生产管理费等问题。同时窄行密植技术解决单位面积种植数量及单位面积效益问题；高效椰子加主粮种植模式解决田园摞荒和单位面积低效问题；整体林网加农田提高单位面积效益，解决摞荒问题。

技术要点　适宜在椰子种植区域推广选用茎粗壮、存活叶 5～6 片、无病虫害的健壮椰苗，采用深植浅培土的方法定植，株行距 3 m×6 m×12 m。定植后常规管理。

椰子宽窄行种植方式

研发单位：中国热带农业科学院椰子研究所

联系地址：海南省文昌市文清大道 496 号

邮政编码：571339

联 系 人：范海阔

联系电话：0898-63330765

五、椰子树施肥技术

根据土壤类型、椰树生长状况，运用营养诊断和测土配方施肥技术等，进行椰子树精准施肥。肥料种类以有机肥为主，其中农家肥、鱼肥、海藻等可作为主要肥源，$20 \sim 40$ kg/ 株。幼龄椰子树处于营养生长为主的阶段，要在全肥基础上突出氮（N）及硼（B）等；成龄椰子树还要补充钾（K）、钠（Na）和氯（Cl）等专用肥料，海盐也可以作为一种廉价的肥源进行合理利用。

主要技术要点　椰树营养分析、肥料种类和配方，施肥季节和方法等。

苗期施肥　要根据椰苗生长状况和育苗期长短，适当施肥，前期以施氮肥为主，后期施磷、钾肥，出圃前两个月停止施肥，才能促进生长平衡，长势健壮，提高出圃率。此外，据试验，当椰苗高 25 cm 左右，长出 $2 \sim 3$ 片叶时，可用 0.5% 氯化钾或 5% 草木灰、0.2% 氯化钠（食盐或鱼盐）；或用 $25 \sim 50$ mg/kg 2,4 — D、$10 \sim 25$ mg/kg 吲哚丁酸进行叶面喷施或苗基（划松种果椰衣）喷施，每隔 15 天进行 1 次，连续 $3 \sim 4$ 次，对促进椰苗生长，特别是茎粗生长有显著效果，与对照相比，高增长 11% $\sim$ 94%，叶数增长 11% $\sim$ 37%，茎围增长 50% $\sim$ 94%。

椰子树施肥

技术开发单位：中国热带农业科学院椰子研究所

联系地址：海南省文昌市文清大道 496 号

邮政编码：571339

联 系 人：唐龙祥

联系电话：0898–63330765

六、椰园间种技术

不论在中国还是菲律宾、印度等"一带一路"沿线国家，利用椰园空间间种玉米、香蕉等农作物都是一项有效利用土地、提高农民收益的技术，尤其是在一些土地稀缺的地方，这种模式有效缓解了土地压力，为当地椰农带来可观的经济收入。

椰园间种玉米主要技术要点 根据椰子种植行距，在椰子行间种植玉米。在距离椰子树行 2 m 的地方开 0.75 m 的沟，选择较好的高产玉米或者杂交种子（例如产量可达 $2.3 \sim 3.6$ t/hm^2 的种子），每公顷施用 3 袋肥料，每个穴中种植 2 粒种子，后覆膜。苗期根据玉米生长情况施用肥料，并控制病虫害，$95 \sim 100$ d 可以采收玉米，采收后玉米秸秆可以粉碎后施在椰园中达到控草保湿的效果。

椰园香蕉主要技术要点 根据椰园面积的大小间种香蕉，1 hm^2 的椰园约可以间种 1 000 株香蕉。在椰子行间开沟种植香蕉，定期给香蕉浇水和施肥，不仅香蕉收益，椰子的水肥情况也会得到改善，每年约可多产椰果 300 个。

椰园间种玉米（图片引自菲律宾椰子管理局农学与
土壤司达沃研究中心研究开发与推广科）

技术开发单位：中国热带农业科学院椰子研究所

联系地址：海南省文昌市文清大道 496 号

邮政编码：571339

联 系 人：范海阔 李 静

联系电话：0898-63330470

七、椰衣在瓜类上的无土栽培技术

椰子（*Cocos nucifera* L.）是热带地区一种典型的粮食、油料和能源作物，也是热带景观的重要标志。椰衣栽培介质主要来源于加工过程中被丢弃的椰子果皮（椰糠、椰丝等）。椰子果外衣富含纤维粉粒70%，因此椰衣还能加工成椰衣介质、椰糠等无土栽培介质。这些介质是一种纯天然的、能被生物降解的、可重复使用的再生资源，在园艺栽培中具有改良土壤结构、提高通透性、提高土壤含水量、促进营养转移、减少土壤板结和土壤流失、保水保肥等性能，被广泛应用于苗木栽培、无土栽培等领域。

每年的10月至翌年5月是海南的旱季，是种植哈密瓜最佳时期。

一般采用连栋钢架大棚或连栋简易竹棚，每个连棚面积为0.2 hm²，棚肩高1.8～2.5 m，每两个小棚间距0.7～1.5 m，棚间防虫网相连，以利湿气、热气的散发，连棚四周为40目的防虫网和可卷收的塑料薄膜。栽培槽南北向，槽高15～20 cm，槽内径宽48 cm，两槽间距70 cm，槽内铺一层农膜防渗液，每槽一条滴灌管，滴孔间距30 cm或50 cm。

选择椰糠量与椰丝量的比例在（2.5∶1）～（4.0∶1）的椰衣介质进行混和，然后按每行宽度在100～120 cm，每畦之间留40～50 cm的过道的规格处理。在组培苗移栽前一周可用40%福尔马林50～100倍液消毒，密闭24 h，待散尽药气后方可使用。

一般采用膜上点播，开穴播种，播种的穴位应置于距沟沿15 cm处，播深3 cm，每穴播2～3粒种子。播后应及时进水，保墒。对于沙性较大的地块，应随时查墒补水，以保全苗。

经济效益分析　每公顷产2 000～3 000 kg，产值12 000～15 000元；2011年使用椰糠10 422 m³，种植579亩哈密瓜，生产出了1 882 t优质哈密瓜，取得了941万元的经济效益，获得了906万元的纯收入。

椰糠规模化育苗

育苗盘育苗

不压膜的栽培方式

压膜的栽培方式

适宜地区　我国南部椰子适宜种植区，主要是海南、广东和云南等省区。

注意事项　椰糠要除酸，注意营养液的配比。

技术依托单位：中国热带农业科学院椰子研究所

联　系　人：孙程旭

联系电话：0898-63330765

八、香水椰子种苗纯度分子标记鉴定技术

技术来源（杨耀东，等） 香水椰子授粉形式主要为自花授粉，但也存在风媒虫媒等介质的传粉。只要是自花授粉后，结出的椰果都会具有同母本一样的香味；但是一旦风媒、虫媒等介质带来其他品种的花粉，经授粉后结出的椰果就不再具有香味，但椰果在外观上同具有香味的椰果没有区别。这种不具有香味的椰果成熟后如用于育苗，其后代不再具有香味，但其外观性状同具有香味的种苗没有区别，无法用肉眼人为地剔除不纯的种苗。这种不纯的种苗如用于生产，从种植到结果大约四年时间都无法从外观鉴定出来，必须到结果后方可从椰果有或无香味进行鉴定。这样，势必造成大量的人力、物力和财力的浪费。同时，由于出圃种苗纯度得不到保证，严重影响广大种植者对香水椰子的认可和种植的积极性，进而影响香水椰子大面积推广工作的进行。针对以上问题，中国热带农业科学院椰子研究所研发利用分子标记对香水椰子种苗快速鉴定技术，其鉴定准确率达 95% 以上。

技术要点 先提取出香水椰子种苗的 DNA，再用以上的特异 SSR 引物进行 PCR 扩增，扩增产物经聚丙烯酰胺凝胶电泳分离条带，染色，即可根据分离出的条带情况将具有能结出香味椰果的香水椰子种苗和不能结出香味椰果的香水椰子种苗区分开。

应用区域 用于香水椰子种苗纯度的早期鉴定和香水椰子母树的纯度鉴定。

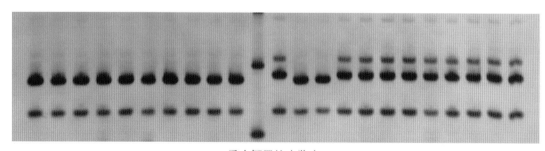

香水椰子纯度鉴定

图片中带型为 █ 的为具有香味的香水椰子标记，带型为 █ 的为不具有香味的香水椰子标记。利用此法，可轻易剔除不纯的种苗，保证出圃种苗的纯度。

研发单位：中国热带农业科学院椰子研究所

联系地址：海南省文昌市文清大道 496 号

邮政编码：571339

联 系 人：吴 翼 李 静

联系电话：0898-63330470

九、椰子废弃物循环利用模式

1. 椰子种植废弃物栽培灵芝、平菇等食用菌技术

针对椰子产业产生的椰子凋落叶、椰子水等大量废弃物，造成资源浪费、环境污染和生态破坏的问题，中国热带农业科学院椰子研究所研发以椰子产业废弃物为主要基料栽培灵芝、平菇等食用菌技术，将椰子废弃物循环利用，变废为宝。

技术要点 将椰子凋落叶、枯死的椰子树干等废弃物进行粉碎处理，添加少量麸皮和玉米粉，制作成袋装菌棒用于生产食用菌。本技术可使食用菌母种生长健壮、抗逆性强，二、三级菌种生长速度快，25 d 内即可出菇（芝），籽实体健壮、厚实，卖相好。

本技术包含椰子废弃物资源的收集和处理技术、食用菌母种复壮技术、以椰子产业废弃物为主要基料的培养基组成配方和废弃菌棒的再利用技术。每个菌包可生产灵芝干重15 g 以上。适宜区域，适宜有大面积椰子种植的国家和地区。

2. 废弃菌棒的再利用技术的研发

利用蚯蚓养殖处理废弃菌棒，每 100 份食用菌废弃菌包碎料搭配 100 份鸡粪、20 ～ 30 份秸秆粉、20 ～ 30 份糠壳粉，调节水分到 70% ～ 80%，厌氧发酵 20 ～ 35 d 后用于饲养蚯蚓。

利用食用菌废弃菌棒栽培番茄、黄瓜等，将食用菌栽培残留物经过厌氧发酵后作为基质用于番茄、黄瓜的栽培。

将处理过的残留物以肥料或专用肥的主要成分还回椰林。

椰子废弃物栽培灵芝和平菇

3. 椰衣利用现状

椰衣干重含 70% 椰糠和 30% 椰衣纤维，每生产 1 t 椰干会有 0.85 t 椰衣纤维和 1.9 t 椰糠废弃物产生。椰衣纤维主要由纤维素、木质素、半纤维素等组成，椰衣纤维具有很强的韧性和耐腐蚀，大部分都用来生产地毯、扫把、刷子、绳索及袋子和席子的纤维纱。此外将椰衣纤维材料和栽种或喷播护坡植被技术相结合，在废弃矿山、高速公路、河流堤坝等边坡构建具有可持续生长的防护系统，该技术不仅能使植物抵御雨水冲刷，而且椰衣纤维降解的有机质能可为植被提供充沛的养料。

4. 椰糠利用现状

椰糠具有保温、保湿、疏松、透气等特性。其持水量为本身重量的 8 倍以上。利用草炭和椰糠组合对生菜进行无土栽培试验，结果显示：随着培养基中椰糠比例的增加，生菜的产量也增加。目前，在园艺栽培中，椰糠正逐步取代草木灰和草炭成为较理想的栽培介质。

技术依托单位：中国热带农业科学院椰子研究所

联系地址：海南省文昌市文清大道 496 号

邮政编码：571339

联 系 人：吴　翼　李　静

联系电话：0898-63330470

第三章
椰子病虫害防治技术

一、椰子泻血病

病原及为害症状　椰子泻血病是由奇异长喙壳菌 [*Ceratocystis paradoxa*（Dade）Moreau] 引起的椰子茎干部致死性病害。奇异长喙壳菌是一种土壤习居菌，广泛分布于亚洲和非洲的热带地区，除棕榈科植物外还可侵染椰子、甘蔗、菠萝等多种作物。

椰子泻血病多发生在 20 龄左右的成龄椰树上，症状表现在茎干部。病害发生初期，茎部出现细小变色的凹陷斑，病斑扩大后可汇合，在树干基部形成大小长短不一的裂缝，从裂缝处流出铁锈色汁液，形成黑色条斑或块斑。随着病情发展，茎干内纤维素开始解体，裂缝组织腐烂，从裂缝处流出红褐色的黏稠液体，黏液变干后呈黑色，泻血症状由基部逐渐向上扩展。严重时叶片变小，继而树冠凋萎，叶片脱落，整株死亡。

分布与为害　椰子泻血病是椰子上最重要的病害之一。该病在斯里兰卡、印度、菲律宾、马来西亚和特立尼达岛等地都有发生，我国发生较严重。发病植株在症状出现后 3 ～ 4 个月就会死亡，如不及时采取防治措施，可给椰子产业造成严重损失。

发病规律　椰子泻血病一般在 11 月至翌年 3 月发生（国外为 3 ～ 5 月），病菌通常从伤口侵入为害。春季雨水较多时该病易于发生、流行。高温干旱的天气发病较轻，暴风雨或台风后发病率显著升高。春季气温低于 19℃或遇到阴雨连绵的天气时发病加重。此外，土壤黏重、板结、低洼积水、昼夜温差大的椰园容易发病。

防治要点　避免在椰树茎干上造成机械损伤；挖除病组织，集中烧毁；科学施用有机肥和化学肥料，减施氮肥，增施钾肥、磷肥和有机肥。清除病组织后，对处理过的伤口涂上十三吗啉消毒，2 天后再涂抹波尔多液保护。

研究单位：中国热带农业科学院椰子研究所

联 系 人：唐庆华　余凤玉

联系电话：0898-63330001

二、椰心叶甲生物防治技术

椰心叶甲生物防治主要利用的是椰心叶甲啮小蜂（*Tetrastichus brontispae*）和椰甲截脉姬小蜂（*Asecodes hispinarum*）。

天敌来源 椰心叶甲啮小蜂中国热带农业科学院椰子研究所 2004 年自中国台湾屏东科技大学引进；椰甲截脉姬小蜂 2003 年年底自越南胡志明大学引进。

天敌特性 椰心叶甲啮小蜂主要寄生椰心叶甲的高龄幼虫和 1 ～ 2 日龄蛹，在田间对椰心叶甲蛹的寄生率 30% ～ 86%，每个被椰心叶甲啮小蜂寄生的椰心叶甲蛹可繁育出 20 头左右椰心叶甲啮小蜂。椰甲截脉姬小蜂主要寄生椰心叶甲的 3 ～ 5 龄幼虫，田间寄生率可达 20% ～ 50%，每头被寄生的椰心叶甲幼虫可以繁育出 50 头左右的椰甲截脉姬小蜂。

适宜区域 椰子、槟榔等寄主植物密集分布、有椰心叶甲为害的区域。

技术要点 放蜂前，首先调查评估释放区域内椰心叶甲的虫口密度，估算出释放区域内椰心叶甲种群，然后按照蜂虫比 1：1，计算释放区域内所需要的两种寄生蜂数量。平均每公顷悬挂 15 个放蜂器，并按照椰心叶甲啮小蜂和椰甲截脉姬小蜂数量比例 1：4 将 3 日内羽化的被寄生蜂寄生的椰心叶甲幼虫和蛹置于放蜂器内，悬挂的高度为 1.5 m 左右即可，悬挂的铁丝上要涂上废机油以防蚂蚁；遭受椰心叶甲严重为害的释放区域 1 年需要释放 3 ～ 4 次，轻度为害的释放区域 1 年释放 1 ～ 2 次即可。

被椰甲截脉姬小蜂寄生的椰心叶甲幼虫

被椰心叶甲啮小蜂寄生的椰心叶甲蛹

生产单位：中国热带农业科学院椰子研究所、中国热带农业科学院环境与植物保护研究所

联系地址：海南省文昌市文清大道 496 号

邮政编码：571339

联 系 人：李朝绪

联系电话：0898-63330001

三、红棕象甲成虫诱集技术

防治对象　红棕象甲（*Rhynchophorus ferrugineus Fab*）是我国进境植物检疫性和农、林业的重要检疫性有害生物，是重要的国际性检疫大害虫，是椰子等30多种棕榈植物的毁灭性钻蛀大害虫。该虫主要在寄主植物的叶柄基部和生长点附近的干部为害，受害症状初期被不易发现，一旦发现，多无法挽救。

技术产品名称　红棕象甲信息素（4–甲基–5–壬醇、4–甲基–5–壬酮、乙酸乙酯）（阎伟，等）。

作用机理　红棕象甲嗅觉会对某种特殊的化合物产生特殊的趋性。采用仿生技术合成该类特殊的化合物，添加到诱芯中，并安装到诱捕器上，通过缓慢挥发该类化合物来吸引红棕象甲成虫，从而达到捕获的目的。

使用方法　在红棕象甲防治区域内，将诱捕器悬挂在树干或枝条上，也可以挂在埋植的"T"形枝杆上，信息素诱芯挂置在诱捕器的第二层或第三层漏斗中间。诱捕器悬挂高度以便于操作为主，诱捕器下端与地面的距离为1 m为宜。红棕象甲重点防治区域每亩挂1套诱捕器和信息素诱芯，红棕象甲一般防治区域每3亩挂1套诱捕器和信息素诱芯。每周收集虫源1次，2周加水或换水1次，40 d更换1次信息素诱芯。

环境毒理学　本技术所研发的产品红棕象甲信息素是对红棕象甲成虫有专一性的昆虫信息素，保护天敌，对环境无不利的影响、人畜无毒副作用。

红棕象甲成虫（左）

红棕象甲幼虫（右）

红棕象甲诱捕器

红棕象甲信息素诱集效果

研发单位：中国热带农业科学院椰子研究所

联系地址：海南省文昌市文清大道 496 号

邮政编码：571339

联 系 人：李朝绪

联系电话：0898-63330001

第四章

椰子加工技术

一、天然椰子油的湿法加工及产品研发

技术要点 天然椰子油（Virgin coconut oil，VCO）是用机械或天然的方法，经过或不经过加热，不用化学方法精炼而从新鲜、成熟椰肉中制得的一种油脂。本项目综合运用生物酶技术及冷冻、巴氏加热处理、低速离心等物理破乳方法，从新鲜椰奶中快速高效制备出高品质的天然椰子油。同时以 VCO 为原料，开发出复配椰子油、菠萝椰油和木瓜椰油等强化营养椰子油、椰子油护肤品等系列油脂加工产品。

工艺流程 成熟椰子果→去椰衣、椰壳→削种皮→椰肉→检查及修整→清洗、切块→榨汁→椰奶→冷冻（−20℃）→90℃加热→60℃酶解 3～5 h（酶解过程中添加 0.2% 木瓜蛋白酶和 0.1% 食盐，以椰奶质量计）或者冷冻解冻→分离→合并油层和乳化层→低速离心或者过滤→ VCO →减压蒸发→冷却→包装→成品。

操作要点

去椰衣、椰壳及削种皮过程均需使用相关的工具人工操作。

削过种皮的椰肉要经过仔细检查，若有未削掉的种皮，需要削掉，以带种皮的椰肉榨汁提取 VCO 会影响其质量。

榨汁时添加 20%～40% 的水分（以椰肉质量计），提高出汁率。

90℃加热应使椰奶完全溶解并使椰奶温度降至 60℃后再添加木瓜蛋白酶。

减压蒸发后的 VCO 应在稍高与室温的情况下进行包装，否则会有水蒸气侵入 VCO。

手工剥椰衣

去椰壳

适宜地区 我国海南椰子主产区及东南亚国家。

注意事项 ①利用新鲜椰肉快速制备天然椰子油,控制油脂酸价在 0.5 mgKOH/g 以内。②在干燥的条件下制备椰子油,控制天然椰子油水分及挥发物含量在 0.2% 以内。

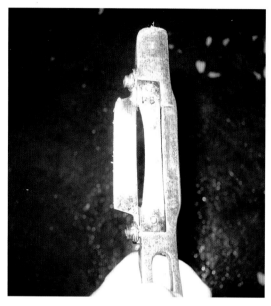

削种皮刀具

椰肉检查与修整

椰肉榨奶

离心分离得到清澈的 VCO

技术依托单位:中国热带农业科学院椰子研究所

联 系 人:夏秋瑜

联系电话:0898-63331201

传   真:0898-63330673

二、天然椰子汁饮料的加工技术

将过滤后的椰奶加水、稳定剂和调味剂制成混合乳液，然后用高压均质机均质，最后装罐、灭菌即可制成天然椰子汁饮料。

工艺流程

新鲜老椰果→剥椰衣→去壳→去种皮→洗涤→压榨→过滤→调配→均质→灌装→灭菌→冷却→成品。

操作要点

原料的选择和去壳：选用新鲜成熟的椰子果，去掉椰子的外衣和硬壳。

椰肉的清洗和破碎：除去椰子硬壳后，取出果肉，削去种皮，清洗干净后将其切成碎块。

压榨：将破碎后的椰肉，采用压榨机进行榨汁，然后将得到的浆汁用滤布进行过滤，对其进行浆渣分离，除去浆液中的纤维。

调配：纯椰子汁加水（水温 70 ～ 80℃）调配后放入不锈钢调配罐中，按产品配方添加适量的糖、乳化剂和稳定剂等，调节 pH 值 6.5 ～ 7.0，使椰子汁既有好的风味又能保持良好的稳定性。

高压均质：当高压均质机工作压力稳定在 35 MPa 时，将调配好的椰子汁进行连续三次高压均质，均质温度 70 ～ 80℃。

定量罐装和封罐：将高压均质后的椰子汁定量罐装，封罐。

杀菌：把封罐椰子汁送入杀菌锅中进行加压高温灭菌。采用 0.1 MPa 压力，121℃杀菌 20 min。成品出锅后用清水冲洗掉附在罐上的残留奶，以免感染杂菌。

技术依托单位：中国热带农业科学院椰子研究所

联 系 人：王媛媛

联系电话：0898-63331201

传　　真：0898-63330673

三、椰花汁产品加工技术

1. 椰花汁饮料

工艺流程

采集椰花汁 → 过滤 → 预煮 → 调配 → 均质 → 罐装 → 杀菌 → 冷却 → 抽样检验 → 质量指标分析。

操作要点

椰花汁的采集：椰花汁很容易发酵产酸，采集椰花汁时要采取适当的保鲜处理。制备椰花汁饮料时，选择 pH 值 > 4.50 的椰花汁较适宜。

过滤：刚采集后的椰花汁，可能混有杂质及部分椰花汁沉淀物等，因此在应用前应先用不锈钢板筐过滤机过滤。

预煮：新鲜椰花汁中含有大量的微生物及酶，将其煮至微沸，并保持 5 min，可起到灭菌灭酶的作用，同时可把一些可能产生异味的挥发性物质蒸发掉，将产生的泡沫除去，且椰花汁加热后也方便后续的调配和均质操作。

调配：将椰花汁与一定的水混合，调节糖酸比，加入稳定剂，搅拌均匀。配方为：椰花汁：水为 1 : 1.5，用 50 % 柠檬酸 + 50 % 乳酸调节 pH 值为 4.00，采用椰花汁糖浆调节椰花汁饮料的糖度为 7.0°Brix，黄原胶用量为 0.1 %。

均质：将调配后的椰花汁在 70 ～ 80 ℃、18 ～ 20 Mpa 压力下均质一次，使饮料组织状态均匀稳定，口感细腻。

罐装：将均质后的椰花汁煮至微沸，然后在 90 ～ 95 ℃下用煮沸过的玻璃瓶罐装。

杀菌：将罐装后的瓶装饮料放入热水中，在 80℃杀菌 45 min。

2. 椰花汁果酒

工艺流程

采集椰花汁（保鲜处理）→ 过滤 → 调配 → 接种 → 主发酵 → 副发酵（换瓶）→ 后发酵（换瓶，澄清）→ 勾兑装瓶 → 抽样检验 → 理化指标分析。

操作要点

椰花汁采集：为制备高品质的椰花汁果酒，在采集椰花汁需进行一定的保鲜处理。

过滤：刚采集后的椰花汁，可能混有杂质及部分椰花汁沉淀物等，因此在应用前应先用不锈钢板筐过滤机过滤。

调配灭菌：调节糖度至 25°Brix，煮沸 3 ～ 5 min 灭菌，冷却至常温。

接种：按发酵罐容积 70% ～ 75% 比例将椰花汁倒入已灭菌的发酵罐内，再按 2% ～ 5% 的接种量加入已接入酵母菌培养 24 ～ 36 h 的椰花汁种子液。

主发酵和副发酵：将发酵罐盖上盖子，在 20 ～ 30℃中主发酵 5 ～ 10 d 后，罐底产生了大量的沉淀，小心将液体和沉淀分离，将液体转移至新罐中进行副发酵。

后发酵（澄清）：副发酵 7 ～ 9 d 后，将液体和沉淀分离，将液体转移至新罐中，添加适宜的澄清剂，在罐口上部添加适宜的亚硫酸盐，盖上盖子静置于 20 ～ 30 ℃中进行后发酵。

勾兑装瓶：将澄清后的果酒用不锈钢板筐过滤后，按照一定的标准勾兑，调节酒精度和糖度，然后装瓶、封口。

抽样检验：按照产品标准执行。

3. 椰花汁白酒

工艺流程

采集椰花汁→ 过滤 → 调配→接种 → 主发酵 →后发酵（换瓶，澄清）→蒸馏→ 勾兑 →装瓶→催陈→抽样检验 → 理化指标分析。

操作要点

过滤 ：刚采集后的椰花汁可能混有杂质及部分椰花汁沉淀物等，因此在应用前应先用不锈钢板筐过滤机过滤。

调配灭菌：调节糖度至 25°Brix，煮沸 3 ～ 5 min 灭菌，冷却至常温。

接种：按发酵罐容积 70% ～ 75% 比例将椰花汁倒入已灭菌的发酵罐内，再按 2% ～ 5% 的接种量加入已接入酵母菌培养 24 ～ 36 h 的椰花汁种子液。

发酵：将发酵罐盖上盖子，在 20 ～ 30 ℃下静置发酵 20 ～ 32 d，在发酵过程中进行必要换罐和除油。

蒸馏：将发酵后的椰花汁酒进行蒸馏。

勾兑：按产品标准将蒸馏后的椰花汁白酒进行勾兑。

装瓶：将勾兑后的白酒用装瓶，封口。

催陈：将装瓶后的白酒放置阴凉处进行催陈 2 ～ 4 月。

抽样检验：按照产品标准执行。

4. 椰花汁果醋

工艺流程

采集椰花汁 → 过滤 → 调配 → 接种 → 酒精发酵 → 副发酵（换瓶）→ 醋酸发酵 → 勾

兑 → 勾兑装瓶 → 抽样检验 → 理化指标分析。

操作要点

过滤：用不锈钢板筐过滤机过滤除去椰花汁中的杂质及沉淀物。

调配灭菌：调节糖度至 25°Brix，煮沸 3～5 min 灭菌，冷却至常温。

接种：按发酵罐容积 70%～75% 比例将椰花汁倒入已灭菌的发酵罐内，再按 2%～5% 的接种量加入已接入酵母菌培养 24～36 h 的椰花汁种子液。

酒精发酵：将发酵罐盖上盖子，在 20～30 ℃下静置发酵 15～20 d，在发酵过程中进行必要的换罐和除油。

醋酸发酵：接入醋酸菌于 28～30 ℃中进行醋酸发酵 4～8 d。

杀菌装瓶：醋酸发酵后，用硅藻土作助滤剂经板框式压滤机过滤澄清后煮沸 5～10 min 消毒，按照一定的标准勾兑，装瓶、密封即得椰花汁果醋。

抽样检验：按照产品标准执行。

椰花汁产品

技术依托单位：中国热带农业科学院椰子研究所

联 系 人：陈 华

联系电话：0898-63331201

传　　真：0898-63330673

四、椰笋加工技术

椰笋是椰子的幼嫩茎尖，在中国也称其为椰心，是一种非常健康美味的食物，深受马来西亚、菲律宾等国人民喜爱。由于它取自椰子的幼嫩茎尖，所以比较珍贵，价格也较高。

椰笋采集技术　将 2～3 年龄椰子树从叶基部砍下，一层层剥掉椰子叶片，中间包裹的就是椰笋。不同椰子树所产生的椰笋大小不同，一般三年龄树的椰笋的重量在 2.1～9.9 kg，长度在 22～28 cm。取下的椰笋较容易氧化，需切成小段，泡水后，冷藏，保质期可达 2 d 左右。

食用方法　先把椰笋切小，在开水中煮 20～30min，可保持椰笋的幼嫩口感。捞出，沥干水分，可炒可炖汤，其煮椰笋的水也可以备用，做汤时加入，增加汤的鲜味。

获取椰笋

技术研发单位：中国热带农业科学院椰子研究所

联系人：吴　翼　李　静

联系电话：0898-63330470

五、椰纤果加工技术

椰纤果（Nata de coco）是以椰子水或者椰子汁为原料，通过细菌发酵作用在培养液表面长出的一种可食用的纤凝胶厚膜，其主要成分是具有独特凝胶质特性的细菌纤维素。与植物纤维素相比，细菌纤维素具有高持水量、高抗张强度、高生物适应性等特性，已经作为一种新型生物材料广泛应用于食品、医药、造纸、声学材料等多个领域。

一种提高椰纤果产量的方法（陈卫军，等），其步骤如下。

第 1 步：取自然发酵 5 ~ 7 d 的椰子水与水混合稀释，按重量百分比计椰子水、水的比例分别为 30% ~ 70%、30% ~ 70%，然后加蔗糖调整 Brix 糖度 3° ~ 5°，pH 值调整至 3.6 ~ 4.0，配制成发酵液。本发明中，为综合循环利用资源，减少成本，按重量百分比计在发酵液中添加 10% ~ 20% 的发酵废液，该发酵废液是指用发酵椰子水发酵生产椰纤果后的剩余废液。

第 2 步：在发酵液中添加下列物质至其最终重量百分比浓度分别为：$(NH_4)_2SO_4$ 0.2% ~ 0.4%，KH_2PO_4 0.1% ~ 0.3%，$MgSO_4$ 0.04% ~ 0.06%，充分混匀后 121℃灭菌 20 min。

第 3 步：冷却至 35 ~ 45℃，添加下列物质至其最终重量百分比浓度分别为：Vc 0.01% ~ 0.04%，UDP-Glucose 0.001% ~ 0.008%，Na_2SO_3 0.008% ~ 0.032%，充分混匀。

第 4 步：按 5% 的接种量在发酵液中接种木葡糖醋酸杆菌培养母液，30℃恒温静置培养 4 ~ 6 d 即可收获椰纤果。

技术研发单位：中国热带农业科学院椰子研究所

联 系 人：李　静

联系电话：0898-63330917

参考文献

陈卫军，黄翊鹏，王永，等 . 一种提高椰纤果产量的方法［Z］. 国家科技成果 . CN201110436880.3.

范海阔，冯美利，黄丽云，等 . 2011. 椰子新品种"文椰 4 号"［J］. 园艺学报，38（4）：803.

范海阔，黄丽云，唐龙祥，等 . 2008a. 椰子新品种"文椰 2 号"［J］. 园艺学报，35（5）：774.

范海阔，覃伟权，黄丽云，等 . 2008b. 椰子新品种"文椰 3 号"［J］. 园艺学报，35（6）：927.

吴翼，武耀廷，潘坤，等 . 2007. 椰子胚的离体培养研究［J］. 安徽农业科学，35（14）：4 177-4 179.

邢诒藏，毛祖舜，邱兵，等 . 1990. 椰子杂交种马哇（MAWA）引种试种报告［J］. 热带作物学报 .

阎伟，刘丽，覃伟权，等 . 一种利用信息素监测红棕象甲的方法［Z］. 国家科技成果 . CN201310374009.4.

杨耀东，吴翼，沈雁，等 . 一种用于香水椰子种苗纯度的鉴定的特异 SSR 引物及鉴定方法［Z］. 国家科技成果 . ZL201410657128.5.

赵松林，陈华，夏秋瑜，等 . 2007. 椰子综合加工技术［M］. 北京：中国农业出版社 .

赵松林，马子龙，陈华，等 . 天然椰子花序汁液白酒的制造方法［Z］. 中国专利 . CN200510130946.0.

中国热科院椰子所 . 2018. 4 个油茶、椰子新品种获认定［J］. 世界热带农业信息，3（34）.

Bourdeix R, Batugal P, Oliver J T, et al. Catalogue of conserved coconut germplasm［M］. International Coconut Genetic Resources Network（COGENT）Bioversity International, Regional Office for Asia, the Pacific and Oceania, Selangor Darul Ehsan, Malaysia.